AF582404

A MON AÏEUL

Jean-Paul GRAND-JEAN de FOUCHY

Reçu à l'Académie des Sciences en 1731

à l'âge de 24 ans

Nommé Secrétaire-Perpétuel en 1743.

PETAU de MAULETTE,

Ingénieur civil des mines.

8° S
9105

SYNTHÈSE GÉOMÉTRIQUE

des mouvements géogéniques qui ont donné naissance au soulèvement du Plateau central de la France en son ensemble et en particulier à ses reliefs éruptifs.

LIÉGE. — IMPRIMERIE DESOER.

SYNTHÈSE GÉOMÉTRIQUE

DES

MOUVEMENTS GEOGÉNIQUES

QUI ONT DONNÉ NAISSANCE

AU SOULÈVEMENT DU PLATEAU CENTRAL DE LA FRANCE

~~en son~~ ensemble et en particulier à ses reliefs éruptifs

PAR

PETAU DE MAULETTE

Ingénieur civil des mines.

(Extrait de la *REVUE UNIVERSELLE DES MINES*, etc., tome XXV, 3e série, page 279, 38e année, 1894.)

LIÉGE

40, rue Beckman, 40

PARIS

C. Borrani, 9, rue des Saints-Pères

SYNTHÈSE GÉOMÉTRIQUE

des mouvements géogéniques qui ont donné naissance au soulèvement du Plateau central de la France en son ensemble et en particulier à ses reliefs éruptifs.

A plusieurs reprises déjà, une première fois à propos des filons d'Australie, puis ensuite à propos des reliefs sous-quaternaires du bassin houiller du Donezt, et enfin à propos de la structure des falaises du pourtour de la mer Noire, la *Revue universelle des mines* (1) a bien voulu publier divers exemples frappants de ces relations géométriques qui de fait existent entre les effets dynamiques des mouvements qu'a subis l'écorce terrestre aux moments géologiques, et dont je poursuis sans cesse l'étude au cours de mes explorations.

Et ainsi ai-je pu constater d'une façon de plus en plus certaine que tous ces mouvements ont eu entre eux pour charpente géométrique *primordiale* le *Réseau pentagonal* d'Élie de Beaumont.

(1) 3ᵉ série, t. XII, 1890 et t. XV, 1891.

Et aussi ai-je pu faire voir qu'une interprétation pratique essentiellement locale de ce Réseau permet seule à l'ingénieur de distinguer sûrement, en un gisement quelconque, les *filons minéralisés* des *filons minéralisateurs* et de s'y rendre un compte exact de la répartition de la richesse minérale, de par la relation même qu'ont entre elles en leurs croisements ces deux espèces très distinctes de filons; que seule cette interprétation permet d'établir une relation théorique, toujours justifiée par l'observation pratique, entre ces *fractures* de l'écorce terrestre, entre celles que j'appelle *géométriques* et celles que j'appelle *accidentelles*, qui sont respectivement résultées d'une diversité originelle entre les mouvements géogéniques qui les ont produites.

Cependant aujourd'hui encore, pour donner une preuve nouvelle de la portée de cette interprétation pratique du *Réseau pentagonal*, qui toujours, je le répète, doit être essentiellement locale, et pour commencer à laisser entrevoir cette diversité originelle en laquelle se sont manifestés les mouvements de l'écorce terrestre desquels sont résultés parmi elle ces deux espèces distinctes de fractures, tout en me contentant pour le moment de justifier cette même diversité originelle par des faits d'observation, je tiens à exposer l'étude que tout dernièrement j'ai pu faire, en une région plus rapprochée que celles dont il est question plus haut et où par conséquent elle est plus facile à contrôler, de cette susdite diversité originelle des mouvements de l'écorce terrestre, ainsi que de la relation géométrique porismatique qui malgré cette diversité originelle existe entre eux.

Cette étude est celle des mouvements géogéniques desquels le soulèvement du Plateau central de la France est résulté en son ensemble, ainsi que ses reliefs éruptifs en particulier. Et par elle je prétends établir :

D'une part, que le fait pratique de ce soulèvement du Plateau central en son ensemble se trouve être théoriquement indiqué *a priori* de par la disposition même du *Réseau pentagonal*, quant à cette contrée, ainsi que la direction qui s'y est trouvée imposée à celles des fractures de l'écorce terrestre que j'appelle *géométriques* ;

D'autre part, que c'est en le milieu même du Plateau central que ses reliefs éruptifs ont dû se faire jour, pour y donner naissance à celles des fractures de l'écorce terrestre que j'appelle *accidentelles*, et cela en un triangle rectangle dont l'orientation se trouve établie de même *a priori* de par une relation géométrique porismatique, eu égard à cette disposition elle-même des fractures géométriques relevant du *Réseau pentagonal*.

Et après avoir ainsi posé ces deux théorèmes de géométrie géogénique dont je prétends faire preuve, j'entre maintenant en matière.

Le Plateau central de la France se trouve situé en cette partie du Pentagone octaédrique européen comprise dans le triangle rectangle $T'''\,D\,a'''$ et à très peu de chose près à égale distance des points T''' et D (pl. 10). Et si déjà on voit en cela s'accuser un certain caractère géométrique qui doit par lui-même attirer l'attention, la géométrie elle-même qui a réglementé ceux des mouvements géogéniques qui ont donné lieu au soulèvement de ce Plateau central ainsi qu'à ses reliefs éruptifs, cette géométrie va s'accentuer davantage et se préciser d'autant plus que je vais examiner, par rapport aux trois points T''', D, a''', la disposition d'une part des *fractures géométriques* et d'autre part des *fractures accidentelles* que comportent les strates des schistes gneissiques qui constituent l'ensemble de ce Plateau et dont le métamorphisme, par parenthèse, prend graduellement le type granitique au fur et à mesure qu'ils se rapprochent des reliefs éruptifs qui en occupent la partie centrale.

Étant donné en effet, ainsi que j'en ai déjà donné plusieurs exemples, notamment par rapport à l'Australie, et que cela va résulter, en une démonstration plus foncièrement géométrique encore, de la présente étude, ainsi que le reconnaissent maintenant ceux des géologues, M. Emmons par exemple, qui ont compris la nécessité d'établir une relation géométrique, qu'il appelle de son côté *structurale*, entre deux espèces diverses qu'il avoue exister parmi les fractures de l'écorce terrestre, celles qu'il appelle de *torsion* et celles qu'il appelle de *compression*, afin par là d'arriver à pouvoir se rendre un compte exact d'un gisement filonien ;

Étant donné, dis-je, que parmi ces mouvements qu'a subis l'écorce terrestre, on doit toujours savoir distinguer deux cas très distincts de mouvements :

Les uns ayant donné lieu, parmi l'écorce terrestre, à la formation d'assules relevant uniquement de la pure géométrie sphérique du globe et leur ayant imposé des ondulations analogues à des *paraboloïdes* de raccordement dont les *éléments enveloppes* sont caractérisés par des fractures qui ont entre elles, à titre de génératrices, une relation géométrique qui se trouve être en réalité pleinement d'accord avec le *Réseau pentagonal* ;

Les autres ultérieurs ayant donné lieu parmi ces mêmes assules à des arcboutements et par suite à des poussées desquelles il est résulté des plissements et des *fractures accidentelles* dont la possibilité suivant certaines directions se trouve indiquée, de par la Loi de parcimonie elle-même, suivant la relation précise de lieux géométriques par rapport aux premières *fractures géométriques* ;

Étant donné donc qu'en principe il a dû en être réellement ainsi, tout d'abord pour en faire preuve pratique, quant à celles des fractures géométriques spéciales au Plateau central en question, il est facile de se rendre compte sur place même :

1° Sur le versant Est de ce Plateau central qui borde la vallée du Rhône, vers Vienne par exemple, que de ce côté les fractures géométriques, celles qui, à titre de génératrices constituent les *éléments enveloppes* des assules de l'écorce terrestre, que de ce côté elles sont orientées de telle façon qu'elles convergent toutes très évidemment, malgré les interruptions qu'elles ont pu subir en surface par suite d'érosions ultérieures à leur formation, vers un centre de rotation qui n'est autre que le point D lui-même ;

2° Sur le versant Sud de ce même Plateau, vers le Tanargue et les monts de Lozère, par exemple, que de ce côté ces mêmes fractures géométriques sont à leur tour orientées de telle façon que de fait elles ont pour centre de rotation le point a''' ;

3° Sur le versant Ouest enfin, vers Figeac par exemple, que de ce côté ces mêmes fractures géométriques ont pour centre de rotation le point T'''.

Or, déjà, de cette disposition respective des fractures génératrices, par rapport aux trois centres de rotation T''', D, a''', ne doit-on pas tirer cette conséquence immédiate que leur croisement réciproque ayant dû forcément créer un véritable brouillage, autrement dit, déterminer un point faible parmi l'écorce terrestre, ce point faible a dû se produire, ainsi qu'en effet il en est bien réellement, à peu près exactement à égale distance de chacun des trois points T''', D, a''' et en outre avec une certaine tendance de rapprochement vers l'alignement T''' D commun à deux des groupes de ces susdites fractures génératrices.

Et ainsi la cause géométrique première se trouvant théoriquement posée et pratiquement justifiée du soulèvement du Plateau central en question, considéré dans son ensemble à titre de partie intégrante de l'une de ces ondulations géométriques imposées aux assules de l'écorce terrestre par ceux des mouvements géogéniques qu'elle a primordialement subis; comme il va de soi, en ce qui touche les fractures accidentelles qui sont résultées en ce Plateau, parmi les ondulations géométriques primordiales des strates de ces trois différents versants, des mouvements géogéniques ultérieurs distincts des premiers; comme il va de soi que ces fractures accidentelles, n'ont pu se produire que suivant une relation géométrique déterminée par la Loi de parcimonie elle-même, par rapport à la disposition géométrique primordiale des génératrices de ces mêmes strates; je vais établir maintenant quelle a été *en fait* cette relation géométrique, de manière à bien fixer d'une façon complète cette synthèse géométrique que j'ai en vue, des effets dynamiques qui sont résultés en ce Plateau central, tant des mouvements géogéniques d'ordre géométrique que de ceux ultérieurs d'ordre accidentel, de manière à montrer ici encore une fois comment les *faits géogéniques* se relient partout rationnellement aux *faits topographiques*

Parmi ce Plateau central, en effet, on peut constater sur place même :

1° Sur le versant AC, A'C' du Cantal — pour plus

de simplicité j'appelle Cantal tout l'ensemble éruptif de ce Plateau central — que toutes les fractures, que j'appelle accidentelles, lesquelles se sont faites parmi les plissements qui sont résultés des arboutements et des poussées que les mouvements géogéniques ultérieurs ont imposé en ce Plateau à ses ondulations géométriques primordiales entre les trois centres relativement fixes de rotation T''', D, *a'''* et qui ont rendu possible l'éruption du Cantal; on peut constater, dis-je, que toutes ces fractures accidentelles, lesquelles d'ailleurs coïncident très exactement sur le versant en question avec tous ceux des filons que j'appelle *minéralisés*, par opposition à ceux qui sont contenus dans les fractures géométriques et que j'appelle *minéralisateurs*, sont dirigées d'une façon très précise suivant une ligne d'égale répartition, ou mieux en un style tout géométrique, suivant *un lieu géométrique d'égale puissance* par rapport à la direction même de la poussée qui leur a donné naissance, c'est-à-dire, de par la Loi de parcimonie elle-même, suivant une ligne O M, O'M' perpendiculaire à la *direction-mère géométrique*, autrement dit la plus directe par rapport au centre de rotation D, à la direction-mère génératrice des strates qui viennent s'appuyer sur ce versant A C, A'C' du Cantal, en un mot à la direction génératrice fondamentale D T'''.

2° Sur le versant B C, B'C' de ce même groupe éruptif du Cantal, que toutes les fractures accidentelles, ainsi que tous les filons minéralisés qui, de ce côté, les accompagnent, sont exactement dirigées suivant *un lieu géométrique d'égale puissance* par rapport à la direction-mère de la poussée qui leur a donné naissance, c'est-à-dire, de même que ci-dessus, suivant une perpendiculaire ON, O'N' à la *direction-mère géométrique* la plus directe des strates qui viennent s'appuyer sur ce versant BC, B'C', en un mot à la direction génératrice fondamentale a'''D par rapport au centre de rotation a'''.

3° Enfin sur le versant AB, A'B', que de ce côté, toutes les fractures accidentelles, ainsi que tous les filons minéralisés, sont à leur tour exactement dirigés suivant un lieu géométrique d'égale puissance par rapport à la direction-mère de la poussée qui leur a donné naissance, c'est-à-dire suivant une ligne OF, O'F' perpendiculaire à la *direction-mère géométrique* la plus directe des strates qui viennent s'appuyer sur ce versant AB, A'B', en un mot à la direction génératrice fondamentale T'''a''' par rapport au centre de rotation T'''.

Et comme, au surplus, il est à remarquer que l'on arrivera exactement au même résultat eu égard à ces trois directions typiques des fractures accidentelles du Plateau central respectivement perpendiculaires aux trois côtés du triangle fondamental T''' D a''', pour peu que l'on considère les trois poussées respectives qui leur ont donné naissance, comme s'étant produites suivant les directions T'''D, Da''', a''' T''', au lieu qu'elles se soient produites, ainsi que je viens de le supposer tout d'abord, suivant les directions DT''', a'''D, T'''a''', ne doit-on tirer de ce fait de réciprocité géométrique cette conséquence immédiate qu'en principe les directions typiques des fractures accidentelles, qu'à leur tour j'appellerai *directions-mères accidentelles*, devront se trouver à une égale distance respective de chacun des points T''', D, a'''? Ce qui veut dire qu'elles devront passer respectivement par le milieu même de chacun des côtés du triangle fondamental T'''D a''', dont elles constituent ainsi les lignes polaires respectives répondant exactement en cela à ce théorème de pure géométrie, qui veut que les lieux géométriques respectifs comprenant les points F M N, F'M'N' se trouvent être, à titre de conjugués harmoniques respectifs des points T''' et D, T''' et a''', D et a''', des perpendiculaires aux lignes fondamentales T'''D, T'''a''', Da'''. Ou bien encore ce qui veut dire, si l'on veut établir une synthèse géométrique entre ces trois mêmes directrices polaires, eu égard aux trois côtés du triangle fondamental T''' D a''', en se plaçant cette fois à un point de vue cinématique de transition entre le point de vue purement géométrique et le point de vue de réalisation dynamique, ce qui veut dire que ces trois directions polaires constituent : d'une part, par rapport aux points T''' et D; d'autre part, par rapport aux points T''' et a''' et enfin par rapport aux points a''' et D, ce que Steiner appelle des axes radicaux, c'est-à-dire, ainsi que je l'ai déjà dit, des *lieux géométriques d'égale puissance* eu égard aux points T''', D, a''' considérés comme centres de rotation des trois groupes de celles des fractures qui sont les génératrices des ondulations géométriques de l'assule de l'écorce terrestre propre au triangle fondamental T'''Da''' qui lui-même est partie intégrante du *Réseau pentagonal.*

Et comme *de fait*, ces trois axes radicaux OF, OM, ON ont en O un point d'intersection commun, on doit en conclure, en se plaçant maintenant au simple point de vue dynamique, qu'en ce point O l'affaiblissement de la croûte terrestre se trouvant comme triplé, c'est bien là le point théorique par lequel non seulement se justifie cette situation d'égale distance qu'occupe en fait le plateau central eu égard aux points T''' et D''', ainsi que son rapprochement marqué de la ligne qui les réunit, mais aussi sur lequel en principe l'éruption du Cantal eût dû se produire.

Malgré cela cependant, il est de fait que cette éruption s'est produite, non pas même en le seul point pratique O géométriquement analogue au point théorique O, à titre de point commun d'intersection des trois axes radicaux en question quant au déplacement pratique qu'ils ont subi, mais bien en un déplacement relatif de deux de ces axes radicaux O'F' et O'N' par rapport à ce point pratique O', en un déplacement relatif tel que ces deux axes radicaux O'F' et O'N' se trouvent avoir formé *de fait* avec le troisième O'M' un triangle rectangle A'B'C' dont l'orientation est telle que les côtés en sont respectivement parallèles aux directions théoriques OF, OM, ON, de telle sorte qu'*en fait* ce triangle A'B'C' se trouve constituer ainsi un triangle polaire par rapport au triangle fondamental T''''D a''''.

Aussi avant d'aller plus loin, malgré cet écartement pratique, tant des axes radicaux O'F' et O'N', eu égard à leur position théorique par rapport au point O', que de ce point O' lui-même par rapport au point théorique O, ne doit-on reconnaître que cette seule disposition polaire du triangle A'B'C' par rapport au triangle fondamental T''''Da'''' justifie encore ici, par rapport au Plateau central de la France, la thèse que je ne cesse de soutenir qu'il existe toujours, en une région quelconque, une relation géométrique précise relevant très exactement du *Réseau pentagonal* d'Élie de Beaumont, à titre de base théorique fondamentale, non-seulement entre les *fractures géométriques* elles-mêmes et les *fractures accidentelles* des assules de l'écorce terrestre considérées séparément en leurs divers groupements, mais même aussi entre les systèmes respectifs de ces deux espèces différentes de fractures que d'autres géologues appellent *fractures de torsion* et *fractures de compression* ?

Mais quoiqu'une telle relation géométrique puisse déjà être conclue de cette simple disposition polaire, comme de fait la géométrie la plus pure se trouve être la base théorique de la réalisation de tous mouvements géogéniques jusque dans leurs plus petits détails, il m'est facile de mieux encore justifier ma thèse, en faisant voir comment on peut expliquer très géométriquement cet écartement de fait des deux axes radicaux O'F' et O'N' par rapport au point O', pourvu toutefois que l'on sache reconnaître que chacun des mouvements géogéniques qui respectivement ont donné naissance aux deux espèces de fractures ci-dessus, ont eu une cause première absolument distincte.

Pourvu qu'on sache se rendre compte que ces deux causes premières distinctes, que je ne veux justifier pour le moment que par les conséquences qu'on doit en tirer, permettent seules l'explication logique de tous effets dynamiques des mouvements géogéniques en question, ainsi que de tous faits géologiques en général, en attendant que j'en donne la preuve indéniable dans un travail spécial complet, alors que je développerai cette géologie que j'ai déjà indiquée comme étant l'œuvre parfaite d'un homme de génie envers lequel tous devront s'incliner et auquel Wronski seul peut être comparé, cette géologie qui sans conteste possible sera la science définitive, puisqu'elle sera clairement fondée sur des *faits entièrement submissibles au calcul*;

Pourvu qu'on sache se rendre compte que ces causes premières sont :

D'une part, quant aux mouvements géogéniques desquels sont résultées les fractures géométriques de l'écorce terrestre, *un Fait à la fois géogénique et astronomique* qui a impressionné à la fois la surface et le volume du globe terrestre, d'abord par la substitution momentanée de la forme complètement sphérique à sa forme ellipsoïdale primordiale et ensuite par un retour à cette dernière, et qui ainsi, par suite du double mouvement géogénique inverse qui en est résulté, a dû nécessairement fracturer l'écorce terrestre en un nombre d'assules tel que ce nombre soit un commun diviseur entre le coefficient de la surface et celui du volume de la sphère théorique, c'est-à-dire en *douze assules fondamentales* ainsi qu'il en est bien en effet du *Réseau pentagonal*, et a dû imprimer à ces assules des formes ondulatoires analogues à des paraboloïdes de raccordement ;

D'autre part, quant aux mouvements géogéniques desquels sont résultées les fractures accidentelles de l'écorce terrestre, un *Fait pareillement à la fois géogénique et astronomique ultérieur*, mais tout autre que le premier, lequel a imposé aux masses intérieures du globe un mouvement qui s'est traduit par de puissantes marées dont celles qui causent nos tremblements de terre actuels ne sont que le reliquat pour ainsi dire infinitésimal, par des marées intérieures qui sont venues modifier la régularité primordiale des ondulations paraboloïdales des assules de l'écorce terrestre par les arcboutements, les poussées et les plissements qui en sont résultés, et cela par la diversité accidentelle elle-même de la direction du plan moyen de leur mouvement, eu égard à la régularité des diverses directions géométriques primordiales en laquelle s'étaient trouvées constituées ces mêmes assules, eu égard à cette régularité géométrique dont le Réseau pentagonal est l'expression théorique absolue; et en même temps que des marées liquides extérieures particulièrement hautes pratiquaient, parmi ces ondulations géométriques, d'énormes érosions, et que par là les énormes dépôts, ont été formés des strates géologiques suivant une échelle de décroissance proportionnelle à celle même des susdites marées concomitantes ;

Pourvu qu'on sache se rendre compte, de par la Loi de parcimonie, autrement dit de par la Loi de Raison elle-même, par laquelle nécessairement de principe, et surtout en un corps tel que le globe terrestre dont le principe théorique est la forme sphérique et en lequel par là même la géométrie tout entière se trouve comme condensée par rapport à un seul point, par laquelle nécessairement, dis-je, les théorèmes les plus simplifiants de la géométrie pure doivent présider en ce globe à toute manifestation quelconque de mouvement ; pourvu qu'on sache se rendre compte que les plissements de l'écorce terrestre, résultant des susdits arcboutements, ont dû se produire suivant des lieux géométriques nettement déterminés par la relation sphérique existant de fait entre la direction génératrice que j'appelle la direction-mère des assules de cette écorce et celle du plan moyen du mouvement de l'ellipsoïde des marées intérieures desquelles ces arcboutements sont résultés ;

Pourvu qu'on sache se rendre compte enfin que cette modification de reliefs, ainsi forcément locale malgré sa base théorique générale, qui est résultée de ces arcboutements parmi les ondulations géométriques primordialement régulières de l'écorce terrestre, impose à l'ingénieur une interprétation pratique, essentiellement locale, de cette relation géométrique nécessaire entre les *fractures accidentelles* de l'écorce terrestre et ses *fractures géométriques*, par suite de la base théorique elle-même des frac tures géométriques de cette écorce; en un mot, que grâce à une interprétation pratique locale du *Réseau pentagonal* qui toujours justifie le Réseau pentagonal lui-même à titre de base théorique pure des fractures géométriques de l'écorce terrestre, on doit toujours arriver à relier scientifiquement entre eux les *faits géogéniques* et les *faits topographiques*, autrement dit la *nature* même du sol terrestre à sa *forme;*

Mais en attendant que tout cela soit scientifiquement et définitivement établi, si, pour le moment, on veut bien se contenter de ma justification par les seules conséquences que l'on peut tirer des deux ordres distincts susdits de Faits à la fois géogéniques et astronomiques, si en attendant, l'on veut bien admettre avec moi que les fractures accidentelles de l'écorce terrestre ont été le résultat de marées imposées aux masses intérieures du globe, desquelles marées, par parenthèse, il sera possible de calculer la répétition, c'est-à-dire la durée même du temps en lequel se sont faites les différentes couches sédimentaires, et lesquelles marées, ajouterai-je encore, ont eu pour résultat subséquent de produire par équivalence calorique mécanique le métamorphisme de ces mêmes couches, suivant une décroissance proportionnelle à celle même de leur mouvement; si, dis-je, l'on admet provisoirement qu'il en a été réellement ainsi, il va m'être très facile, comme je l'ai dit plus haut, d'établir, en le cas particulier qui nous occupe, l'explication toute naturelle qu'on peut déduire de ces Faits à la fois géogéniques et astronomiques, tant du déplacement en un point O′ du point O en lequel, seul, théoriquement, le relief éruptif du Plateau central de la France eût dû se produire, que de l'écartement en question, par rapport à ce point O′, des deux axes radicaux O′F′, O′N′.

N'est-il pas de toute évidence, en effet, qu'en ces marées intérieures, les masses intérieures du globe, étant en fait plus malléables que l'écorce terrestre, ont dû forcément, en leur mouvement réel de l'Ouest à l'Est, avoir tendance à devancer les points de cette écorce qui se trouvaient placés sur la même verticale ou plutôt sur le même rayon terrestre? Et cette tendance n'a-t-elle pas eu comme conséquence immédiate de faire éprouver à ces masses intérieures, de la part de l'écorce terrestre, et ne serait-ce que par frottement, une certaine résistance comme de butée, et cette même résistance, eu égard aux différents axes radiaux conjugués entre eux que comporte la géométrie fondamentale de la surface de l'écorce terrestre, eu égard ici aux trois axes radiaux O'M', O'F', O'N', n'a-t-elle dû précisément atteindre son maximum par rapport à celui de ces axes radiaux dont la direction se rapprochait le plus de la perpendiculaire, quant au plan moyen du mouvement de l'ellipsoïde des marées intérieures, et ici, de fait, par rapport à l'axe radical O'M', tandis que cette résistance a dû avoir à son tour, comme conséquence réactive immédiate, une poussée dirigée suivant la perpendiculaire à ce même axe radical O'M', c'est-à-dire suivant la direction O'K'?

Or, cette poussée O'K', étant donné le fait préalable des fractures géométriques, n'a-t-elle dû nécessairement se décomposer en deux composantes dont les directions ont dû être telles qu'elles satisfassent géométriquement à la Loi de parcimonie, c'est-à-dire suivant les deux directions O'G', O'H' respectivement perpendiculaires à leur tour aux deux autres axes radicaux O'F', O'N' conjugués de l'axe radical O'M', autrement dit respectivement perpendiculaires aux côtés A'B' et B'C' du triangle A'B'C', autrement dit encore, suivant un retour synthétique, lequel vient en attester encore plus la pleine rationalité, vers l'originelle géométrie géogénique purement théorique telle qu'elle ressort du *Réseau pentagonal*, suivant deux directions respectivement parallèles, ainsi que la direction résultante O'K', aux trois côtés du triangle fondamental que comporte ce Réseau eu égard au Plateau central de la France, aux trois côtés du triangle T''' D a''' ?

Et donc, n'est-ce bien ainsi que très géométriquement, de par ces deux poussées respectives O'G', O'H', il a dû se faire, quant au point O', un écartement des axes radicaux O'F', O'N', lequel de fait s'est exactement réalisé, suivant ces deux directions O'G', O'H', en un mode proportionnel à ce que Steiner appelle les degrés de puissance respective des points T''' et D par rapport au troisième point a''', à titre de centres de rotation des génératrices des assules de l'écorce terrestre en cette contrée, à l'égard desquelles génératrices en effet ces mêmes axes radicaux sont, comme il le dit, les *lieux géométriques d'égale puissance?* N'est-ce bien ainsi que s'est géométriquement déterminé ce triangle A'B'C', exactement polaire en ses directions eu égard au triangle fondamental T'''D a''', en lequel de fait se sont réalisés des reliefs éruptifs en le milieu même du Plateau central? N'est-ce par là-même que très géométriquement se sont produits, sur chacun des versants de l'ensemble triangulaire de ces reliefs éruptifs, les différents systèmes de *fractures accidentelles* de l'écorce terrestre qu'on y observe et qui de fait y sont toutes exactement parallèles aux trois directions des trois axes radicaux susdits O'M', O'F', O'N' ?

Et enfin n'est-ce bien par là même que s'explique tout naturellement la différence d'aspect des divers versants de ce Plateau central par rapport à l'ensemble triangulaire de ses reliefs éruptifs centraux? N'est-ce bien en effet par cette susdite résistance de butée qu'ont éprouvé les marées intérieures que l'axe radical O'M' est demeuré relativement statique et qu'ainsi n'a pu se faire qu'un très faible mouvement en ceux des strates de l'écorce terrestre qui viennent s'appuyer sur le versant A'C' de cet ensemble éruptif? N'est-ce par là que s'explique tout naturellement, cette forme spéciale qui caractérise ce côté du plateau central et qui s'accuse en des ondulations allongées d'un relief peu sensible, tandis que sur le versant B'C', du côté de l'Ardèche, par suite du déplacement très marqué qu'a subi l'axe radical O'N', au lieu qu'il soit resté relativement statique ainsi qu'il en a été de l'axe radical O'M', les reliefs de ce Plateau central sont très accidentés; tandis qu'il en est de même sur le versant A'B', du côté de l'Aveyron, par suite du déplacement qu'a subi de même l'axe radical O'F'.

Telle est donc, en somme, cette synthèse géométrique assez curieuse, je pense, et encore plus précise que les précédentes, que je tenais à établir, quant aux deux sortes de fractures de l'écorce terrestre que l'on peut observer parmi le Plateau central de la France. Et si l'on venait m'objecter contre elle ce fait qu'au lieu de se produire exactement en le point géométrique O et en la forme du triangle ABC, ainsi que théoriquement cela eût dû être, les éruptions volcaniques de ce plateau central se sont produites, par rapport à un autre point O', en les sommets mêmes du triangle A'B'C'; à cela je pourrais me contenter de dire que l'on peut donner, de ce fait, une explication suffisamment plausible par cela seul que l'écorce terrestre, n'étant pas d'une homogénéité absolue, son point faible maximum a parfaitement pu se déterminer à une certaine distance pratique du point théorique absolu lui-même, et qu'en outre, par suite de ce que l'axe radical OM ne s'est pas trouvé perpendiculaire d'une façon absolument exacte par rapport au plan moyen du mouvement de l'ellipsoïde des marées intérieures, on peut admettre qu'il a pu se manifester une certaine tendance de déplacement du point O vers l'Est.

Mais bien que pour tout homme pratique cette explication doive suffire, comme en réalité l'écart est très négligeable entre la direction de l'axe radical OM et la perpendiculaire du plan moyen du mouvement de l'ellipsoïde des marées intérieures, je ne veux m'en contenter et pour mieux compléter encore la présente synthèse géométrique et prouver qu'en réalité la géométrie la plus pure a toujours régi infailliblement les faits géogéniques les plus détaillés, j'ajouterai encore que ce déplacement du point théorique O, par rapport au triangle fondamental T''' D a''', trouve aussi une explication pleinement géométrique, en ce qu'un troisième *Fait à la fois géogénique et astronomique* que j'établirai aussi plus tard sur des documents indiscutables, s'est produit entre les deux Faits à la fois géogéniques et astronomiques que j'ai indiqués plus haut; en ce qu'entre ces deux Faits susdits, s'est opéré un changement de position de l'axe terrestre par rapport à l'écliptique; en ce que, si l'on tient compte de l'état de nutation de la lune au moment des doubles marées géogéniques intérieures et extérieures, le déplacement du point O, tel qu'il s'est réalisé en le point O', s'est exactement produit suivant la quantité de l'inclinaison actuelle de l'axe terrestre eu égard à l'écliptique, par rapport auquel antérieurement cet axe se trouvait être en une position perpendiculaire.

Et pleinement géométrique qu'elle est, l'explication de ce déplacement par ce dernier Fait géogénique ne vient-elle pas parachever d'une façon qui la rend d'autant plus indiscutable, la nouvelle preuve que je viens de donner de la portée pratique de cette interprétation dynamique qu'*a priori*, en un point quelconque de l'écorce terrestre, on peut déduire du Réseau pentagonal d'Elie de Beaumont, pourvu qu'on sache tenir compte des modifications essentiellement locales que les marées intérieures qui se sont produites aux moments géologiques ont apporté à cette régularité géométrique primordiale des assules de l'écorce terrestre, telle qu'elle s'y était faite en une pleine concordance avec la disposition théorique résultant du Réseau pentagonal; de cette interprétation dynamique qui, par sa portée pratique, vient confirmer de cette disposition la pureté théorique même et par laquelle, partout en l'écorce terrestre, de par son caractère universel, on peut arriver à déterminer un rattachement rationnel entre les *Faits géogéniques* et les *Faits topographiques*; ce rattachement qu'avec tant de raison, l'ingénieur des mines américain, M. Emmons, en un mémoire publié dans cette même *Revue universelle*(1), dans lequel il débute précisément par citer les derniers mots écrits par von Groddeck, quant à la nécessité de ce rattachement pour parvenir à une étude rationnelle des filons; ce rattachement que lui aussi déclare indispensable pour qu'il soit possible à l'ingénieur, non-seulement de se rendre un compte exact des relations qu'ont entre elles, en un système filonien quelconque, les *fractures de torsion* de l'écorce terrestre et les *fractures de compression*, de se rendre un compte aussi exact que possible de la répartition de la richesse minérale en ce

(1) 3e série, t. X, 1890, p. 130.

même système et même encore des meilleurs modes à adopter pour son exploitation.

Cependant, bien que nous soyons d'accord quant à la conclusion de son mémoire, quant à la nécessité pour l'ingénieur de savoir appliquer en un gisement quelconque cette *géologie* qu'il appelle *structurale* et que de mon côté j'appellerai *dynamique* pour mieux caractériser cette précision technique que je parviens à lui donner, et cela aussi bien au point de vue théorique pur qu'au point de vue pratique de la détermination de la relation géométrique réelle qu'ont partout entre eux les divers effets des deux ordres distincts des mouvements géogéniques que tous deux nous reconnaissons s'être produits aux moments géologiques, je me permettrai d'observer qu'au lieu d'essayer de donner aux faits qui viennent justifier nos idées communes une base théorique tellement bien rationnelle qu'elle en permette l'explication à la fois universelle et locale, tellement bien rationnelle, qu'en un mot elle permette l'intégration géométrique de toutes fractures différentielles de l'écorce terrestre, de son côté il ne pose comme base de l'étude structurale des gites métallifères que des données essentiellement locales, sans en laisser même entrevoir aucune synthèse géométrique possible. Et cependant, en homme de vraie science qu'il est, n'aurait-il dû se dire que le simple fait de l'existence d'une *différentielle* de nature quelconque entraîne forcément celle d'une *intégrale* correspondante?

Je sais bien, il est vrai, qu'en ce mémoire en question et évidemment sous l'empire du sentiment instinctif de ce dilemme scientifique, M. Emmons laisse entendre qu'une conception synthétique est la condition primordiale de toute science; mais est-il réellement parvenu à établir cette condition nécessaire, quant à ce qu'il appelle la géologie structurale, en admettant comme telle, ainsi qu'il le fait, la théorie des sources souterraines, si en vogue aujourd'hui, il est vrai ?

Et comme en cela, selon moi, il est tombé en faute quant à la stricte logique scientifique, je crois devoir ajouter ici quelques objections à propos de cette théorie des sources souterraines, lesquelles au surplus me permettront de mieux confirmer encore, par une réaction contradictoire, la thèse que je viens de développer de la formation tant des fractures géométriques que des fractures accidentelles des assules de l'écorce terrestre, en expliquant très rationnellement la minéralisation des filons par la formation distincte de ces deux espèces susdites de fractures, lesquelles sont résultées des Faits à la fois géogéniques et astronomiques que j'ai signalés et qui nécessairement se sont produites en une synthèse géométrique dérivée du principe porismatique de la géométrie sphérique terrestre, laquelle synthèse très évidemment, je le répète, a eu pour base théorique le Réseau pentagonal. Et cependant on verra que ces mêmes observations justifieront cette théorie elle-même des sources souterraines, en ce qu'à un point de vue relatif elle a d'exact.

Et pour commencer mes objections, je ferai remarquer qu'il me semble peu rationnel, afin d'essayer de donner à la géologie dynamique une base synthétique véritablement primordiale, de prendre pour point de départ de la détermination de cette même géologie, cette susdite théorie des sources souterraines, lesquelles, loin d'être une cause première, n'ont pu être en somme, en leur répartition nécessaire parmi le globe tout entier afin que ce titre de Théorie en soit justifié, que les résultats d'un *Fait dynamique universel*, plutôt que de s'attacher à remonter immédiatement à ce même fait dynamique universel lui-même et non ultérieurement et accessoirement, comme le fait M. Emmons.

Par là, en effet, n'arrive-t-on pas, tout simplement, à obscurcir la question, et je dirai en modifiant un dicton populaire, n'est-ce pas reculer assez loin d'elle pour n'être que moins à même de sauter par dessus, autrement dit de la résoudre?

D'ailleurs ces sources souterraines ne comportant en elles-mêmes aucun principe *géométrique* qui leur soit, je dirai, personnellement *immédiat*, est-il donc rationnel de vouloir fonder la géologie *structurale* sur une pareille théorie, de laquelle au surplus on ne peut déduire autre chose que de simples rapports minéralogiques, lesquels ne peuvent être qu'absolument locaux, sans pouvoir en tirer une indication intégrale quelconque quant à son universalité parmi le globe, sans pouvoir, par exemple, en tirer une explication quelconque de ce fait que certains métaux affectent des directions constantes parmi tous les filons du globe, de ce fait qui à lui seul suffit pour légitimer la recherche d'un principe géométrique intégral quant à la formation des fractures de l'écorce terrestre?

J'objecterai en outre qu'en vue d'arriver à justifier cette théorie des sources souterraines, à titre de base synthétique primordiale de la géologie structurale, M. Emmons admet trop bénévolement une hypothèse sans laquelle d'ailleurs cette théorie, telle au moins qu'on la comprend pour le moment, ne peut tenir debout, à savoir cette hypothèse d'une dissémination préalable, pour ainsi dire infinitésimale, de toutes matières minérales parmi la masse de la croûte rocheuse du globe, lesquelles auraient été transportées ultérieurement dans les filons par des solutions aqueuses qui se seraient infiltrées à travers l'écorce terrestre et les auraient abandonnées en ces mêmes filons, alors que certaines conditions chimiques en auraient favorisé la précipitation.

N'est-ce bien là une de ces vagues hypothèses primordiales trop habituelles en géologie ; une de ces hypothèses vagues qu'en fait d'ailleurs, de par leur nature même, on ne peut accompagner que d'explications nébuleuses et sans aucune précision scientifique ; une de ces vagues hypothèses qui charmaient tant cet esprit aux impressions purement sentimentales, qui avait nom Töpffer et qui disait, sans se douter que par là même il la condamnait à titre de science définitivement établie, que ce qu'il aimait en la géologie, c'était précisément qu'elle soulevait le voile sans le déchirer ? Or, tout au contraire, si l'on veut que la géologie devienne une science véritable et cesse d'être un amalgame d'hypothèses contradictoires, ne doit-on pas s'attacher à déchirer ce voile par le calcul même, ce seul moyen précis de la science devant lequel toute hypothèse illusionnée doit tomber, et en particulier, quant à la géologie structurale et dynamique, à le déchirer géométriquement ?

En effet, cette susdite hypothèse de la dissémination *préalable* des matières minérales parmi la croûte rocheuse superficielle du globe ne contient-elle pas en elle-même une contradiction des plus patentes avec l'une des Lois fondamentales de la nature, laquelle contradiction devrait la faire rejeter d'emblée ?

Car admettre une telle hypothèse, admettre qu'originairement la croûte terrestre n'a été qu'un magma de toutes substances minérales, en l'obligation forcée et parfaitement anti-scientifique d'une complète inertie chimique, pour attendre le moment de la formation des sources souterraines, puisque sans cette inertie chimique illogique et pendant qu'un espace de temps quelconque se serait écoulé entre la susdite dissémination et la formation en question tous les éléments minéraux auraient dû réagir entre eux et certains mêmes se trouver éliminés par vaporisation par suite des seuls phénomènes thermo-chimiques, admettre, dis je, une telle hypothèse, n'est-ce pas nier du coup, outre tout principe chimique, la très simple Loi de la densité, et n'est-il pas plus logique d'admettre, surtout à l'égard des métaux, que lors de la formation de notre globe tout s'est passé suivant cette Loi même et que les molécules métalliques en particulier ont dû forcément faire partie des masses les plus centrales du globe et non de celles de sa surface?

Au surplus, quand bien même cette hypothèse bénévole et illogique, jointe à celle tout aussi bénévole d'une perméabilité des roches de la croûte terrestre, telle que par simple infiltration les eaux superficielles aient pu aller chercher parmi cette croûte terrestre toutes molécules minérales quelconques en leur infinitésimalité primordiale, et jointe encore à celle tout aussi illogique de cette même infiltration à laquelle ont dû s'opposer ces conditions de chaleur et de pression qu'avec raison M. Emmons déclare avoir été nécessaires lors de la réalisation de la précipitation minérale parmi les filons; quand bien même, dis-je, cette dissémination minérale préalable en question eût été réelle, comment donc encore une fois et à moins d'en abandonner carrément la précipitation en ses conditions concomitantes nécessaires de chaleur et de pression au seul et anti-scientifique hasard, comment encore une fois peut-on faire découler, tant de cette dissémination que de cette infiltration ultérieure, cette constante direction sur le globe tout entier de certains métaux parmi les filons de son écorce ?

Et pour pouvoir expliquer cette constante direction constatée, ne devrait-on reconnaître qu'il faut parvenir à l'appuyer sur des faits tels qu'en leur manifestation ils aient permis l'intervention, lors de la précipitation minérale dans les filons, de certaines relations électriques entre les susdits métaux et les électrodes terrestres ? Ne devrait-on pas reconnaître enfin que nécessairement ces faits ont dû être tels que ces relations électriques aient pu se produire en une concomitance complète avec cette précipitation minérale, grâce à la réalisation de même concomitante, en une relation géométrique universelle, de toute *fractures accidentelles*, autrement dit, *minéralisées* de l'écorce terrestre, eu égard à ses *fractures géométriques*, autrement dit *minéralisatrices* ?

Cependant malgré toutes ces objections fondamentales qui auraient dû frapper un esprit d'aussi haute valeur, s'il ne s'était laissé enlizer par un trop grand respect de la science officielle, M. Emmons reste si bien convaincu de la possibilité de l'explication de tous faits filoniens par la seule théorie des sources souterraines, telle du moins qu'on l'admet pour le moment et à laquelle il ajoute encore l'hypothèse d'une postériorité indéfinie du remplissage des filons après leur formation à titre de simples fractures de l'écorce terrestre, qu'il n'hésite pas à rejeter carrément celle de ce remplissage par une éruption directe provenant des masses intérieures du globe.

Mais en attendant que j'explique nettement, bien que cela semble paradoxal au premier abord, comment il se fait que ces deux théories entièrement contradictoires en apparence, celle du remplissage des filons par des sources thermales et celle de ce remplissage par éruption directe, que ces deux théories, toutes deux fausses lorsqu'elles sont prises isolément et sous un point de vue exclusif, se trouvent *simultanément* justifiées par ces mêmes faits tant géogéniques qu'astronomiques dont j'ai parlé ; en attendant, je demanderai encore si ce remplissage des filons, postérieur à leur formation à titre de simples fractures de l'écorce terrestre et indéfiniment lent en sa réalisation, est vraiment soutenable en face de cette trituration argileuse spéciale aux salbandes des filons que j'appelle minéralisés, ainsi que des traces des glissements qu'elles accusent ; en face dans un de ces filons qui a subi une réouverture (et au fond quel est donc celui qui n'en a subi aucune) de cet aspect conglomératique qu'a pris par là même son remplissage ; en face de cette disposition bréchiforme qui en est résultée et en laquelle même certaines parties de la roche encaissante se trouvent comme empâtées sans aucune altération sensible de leurs angles.

Toutes choses qui indiquent exactement, ce me semble, une évidente concomitance entre la réalisation de ce remplissage et la production de ces mouvements de double nature qui ont affecté l'écorce terrestre et y ont déterminé deux sortes distinctes de fractures différentielles.

Cette concomitance, je le sais bien, et la rapidité qui en résulte quant aux moments géologiques sont faites pour gêner les partisans de ces colossales périodes géologiques, par l'indécision indéfinie desquelles il est si commode de se laisser leurrer pour ceux qui ne se préoccupent pas d'introduire dans la géologie cette précision absolue que seul le calcul peut lui donner, pourvu toutefois qu'il soit fondé, non pas sur des données purement problématiques, mais bien sur des données porismatiques ; car, à vrai dire, le calcul de Fourier sur les périodes géologiques n'est-il autre chose qu'une illusion mathématique, fondé qu'il est sur la donnée erronée de l'état igné primordial du globe terrestre ?

Je sais bien aussi que cette concomitance et cette rapidité sont faites surtout pour gêner ceux des paléontologues qui sont les adeptes de l'école de Darwin ;

Cette école qui est affligée de cette aberration, absolument anti-scientifique, qui permet de croire à une évolution, non pas de chacune des espèces en elles-mêmes considérées séparément et cela suivant une *Loi* de développement basée sur une modalisation de degrés méthodiquement scientifique, mais bien à une évolution de toutes espèces entre elles, de par les seuls *hasards* d'un coït, à partir d'un protoplasme identiquement unique. Et si je dis *croire*, c'est précisément parce que cette école *ne sait* indiquer ni la cause première, ni la constitution, ni non plus même la Loi de développement méthodique de ce protoplasme unique ;

Cette école qui reste imbue de cette aberration anti-scientifique, comme s'il était admissible que les *quantités vitales* en leurs différents degrés de puissance, ainsi que tout ordre quelconque de quantités, n'ont dû être régies en leur formation, lors de la résolution cosmique elle-même de notre nébuleuse, par cette même Loi philosophique de la génération algorithmique des quantités purement mathématiques, telle que Wronski l'a si magistralement établie et développée, à tel point qu'en son *Apodictique* l'ayant appliquée aux différents ordres de quantités de notre système cosmique, cette œuvre constitue, à vrai dire, la *Bible de la science* ;

Comme s'il était admissible, contrairement à cette Loi de modalisation algorithmique, quant aux quantités purement mathématiques, depuis l'immanence additive jusqu'à la transcendance infinitésimale; comme s'il était admissible, contrairement à la nécessité scientifique d'une modalisation similaire quant aux protoplasmes, d'une modalisation de degrés vitaux qu'au surplus M. A. Gaerdies vient d'établir d'une manière positive de par ses seules expériences chimiques; comme s'il était admissible que les quantités vitales aient pu n'avoir pour base fondamentale qu'un seul et unique élément primordial, alors que de par cette Loi susdite elle-même, il est bien et dûment établi que toute génération de quantités quelconques a pour base une trinité primordiale de trois éléments fondamentaux, l'un *actif* et l'autre *réactif* en sa passivité et enfin un troisième élément fondamental qui se trouve être leur lien commun à titre d'élément *neutre* ; ainsi qu'il en est en la génération purement mathématique, d'une part par simple *addition* et d'autre part par *puissance*, en ces générations élémentaires fondamentales de toutes quantités mathématiques qui ont pour lien commun neutre la génération par *multiplication* ; ainsi qu'il en est enfin du *mouvement*, à titre de lien commun dynamique neutralisateur de l'*action* et de la *réaction* et duquel résultent toutes *formes plasmatiques* possibles depuis les simples *formes minérales et géogéniques* jusqu'aux *formes vitales*, en une algorithmie géométriquement déterminée de laquelle il est porismatiquement réglementé.

Mais comme il me semble inutile d'essayer de discuter philosophiquement avec une telle école et comme d'ailleurs il est de fait que ceux qui s'adonnent à la science proprement dite, affectent en général de ne se préoccuper nullement de l'étude de la philosophie pure, ce qui est infiniment regrettable, puisque toute Loi de science pour être vraiment telle doit forcément revêtir un caractère métaphysique, autrement dit *transcendant* et *intégral* par rapport aux faits différentiels de l'ordre physique qu'elle régit ; et que d'un autre côté ceux qui s'adonnent à la philosophie pure se doutent si peu à leur tour que la métaphysique n'est elle-même qu'une véritable science, dans le sens très précis du mot, régie par une méthode algorithmique similaire de celle de la génération des quantités de la science mathématique pure, qu'ils ne pensent même pas qu'une sorte de *rapport logarithmique*, et je dirai, pour employer un style tout philosophique, qu'un *rapport transcendental*, doit exister entre l'ordre métaphysique et l'ordre physique ; comme de fait il en est bien ainsi, je ne m'engagerai pas davantage dans une thèse philosophique qui d'ailleurs sortirait par trop des bornes qui conviennent spécialement à celle géogénique que je soutiens ici.

Et, revenant à cette thèse géogénique, j'avouerai tout simplement, tant aux paléontologues Darwinistes qu'à ceux des géologues qui au moins se contentent de croire à de colossales périodes géologiques sans essayer de les justifier par la bénévole et anti-scientifique hypothèse d'une évolution des quantités vitales à partir d'un protaplasme identiquement unique en sa primordialité, j'avouerai que plus j'observe, plus je suis amené à constater la rapidité de concomitance en laquelle se sont produits les faits géogéniques et les faits géologiques, les premiers étant la cause première des seconds.

Et j'ajouterai que plus j'observe, plus je me dis que les géologues devraient arriver certainement à se convaincre à leur tour de cette rapidité de concomitance, s'ils se confinaient moins en leur seule science géologique, s'ils se donnaient la peine, ainsi que j'ai eu la chance de pouvoir le faire par suite de certaines circonstances de ma carrière, de s'assimiler ce sens d'observation dynamique qui résulte de la pratique prolongée des effets de l'*équation du travail* en ses trois coefficients élémentaires ; car alors, par la seule constatation des effets dynamiques qui sont résultés parmi l'écorce terrestre des mouvements géogéniques qu'elle a subis, sans aucun doute ils arriveraient à se convaincre tant de la rapidité de ces mêmes mouvements que de la concomitance, en leur réalisation, des faits géologiques dont ils ont été la cause.

Et comme je ne désespère pas de convaincre un jour ceux des géologues dont la probité scientifique fait qu'ils n'exagèrent pas leurs croyances hypothétiques jusqu'à l'aberration anti-scientifique des paléontologues Darwinistes, et comme d'ailleurs je tiens à justifier, autant que le permet l'occasion présente, toutes mes hérésies eu égard à la science géologique officielle actuelle, je me laisse aller à développer encore ici quelques objections quant à la théorie des sources souterraines, telle qu'on la comprend pour le moment, à titre de preuves au moins présomptives par réaction logique, tant de la rapidité des faits géogéniques que de la concomitance des faits géologiques.

Donc tout d'abord je demanderai, tout en réitérant mon objection fondamentale quant à la cause première de la production de ces sources et quant à cette composition chimique qui leur était indispensable, quant à cette chloruration et à cette sulfuration nécessaires en vue de la dissolution des minéraux et de leurs réactions chimiques subséquentes; je demanderai si les réservoirs de ces sources, afin qu'elles aient pu en recevoir une pression suffisante qui leur permette de traverser les couches terrestres par simple *perméabilité* et d'aller y chercher toutes molécules minérales dont soi-disant ces couches étaient primordialement imprégnées, si ces réservoirs, et cela en une universalité correspondante à celle même des filons parmi l'écorce terrestre, fort difficile à concevoir dès que l'on suppose pour la production de ces sources des conditions simplement analogues à celles des sources actuelles, si ces réservoirs n'auraient dû se trouver à des hauteurs véritablement *inimaginables*.

Ensuite je demanderai, cette même analogie étant toujours supposée sur laquelle cette théorie des sources souterraines est actuellement basée, si le volume de ces sources comme de leurs réservoirs, pour que cette dissolution minérale si considérable et si universelle pût s'effectuer parmi le globe, n'aurait dû être réellement tout aussi inimaginable. Car certes ce n'est pas la quantité actuelle d'eau d'infiltration qui eût pu suffire à cette dissolution minérale aussi bien en sa totalité qu'en son universalité.

Pour qu'en effet à ces deux conditions de totalité et d'universalité ils eussent pu satisfaire, les réservoirs en question n'auraient-ils dû être à la fois si considérables et si mutipliés parmi le globe que de fait ils auraient dû en occuper la majeure partie? Et alors je demanderai encore que l'on me dise exactement quels ont pu être ceux des reliefs terrestres, même en leur supposant une altitude *universelle* suffisante, bien que cette altitude soit d'autant plus difficile à concevoir qu'on se rapproche davantage des terrains anciens, c'est-à-dire des moments du remplissage filonien, puisqu'il est notoire, d'après les idées mêmes de la géologie officielle actuelle, que plus on se rapproche de ces terrains, plus étaient rares et moins étaient importantes les saillies de l'écorce terrestre au-dessus des eaux marines, quels ont pu être, dis-je, ceux des reliefs terrestres qui eussent pu contenir ces réservoirs et encore d'une façon suffisamment occluse pour qu'ils aient pu satisfaire, outre la condition de volume, à celle susdite de pression.

Et si l'on prétendait m'objecter qu'au moment du remplissage des filons, les eaux marines à elles seules ont pu y satisfaire, à cela je répondrais qu'à moins d'admettre alors aussi pour ces eaux marines un état de volume fort différent de celui actuel, elles n'ont pu remplir en ce moment même la condition nécessaire de pression par suite de cette répartition universelle qu'on serait forcé de leur reconnaître, en ce moment où leur pression aurait dû s'exercer sur les terrains anciens qui sont particulièrement filoniens, en ces moments géologiques en lesquels précisément les reliefs de l'écorce terrestre faisant saillie au-dessus des eaux marines étant soi-disant si peu nombreux leur répartition devait se trouver d'autant plus développée.

Je ferai observer d'ailleurs qu'on abandonnerait ainsi toute idée de cette analogie de production des sources souterraines avec celles des sources actuelles qui est la base de la théorie en question.

Et, en outre, tout en constatant qu'en cela on se rapprocherait déjà implicitement d'une façon notable des idées que je soutiens, je ferai remarquer qu'en elle-même *seule* une telle supposition ne permet aucune explication, ni des conditions chimiques qui ont été essentiellement nécessaires à la réalisation de la dissolution minérale, attendu qu'à ces conditions ne répond nullement la *seule* composition chimique des eaux marines, ni encore de cette chaleur exceptionnelle, soit thermo-chimique soit immédiate, qu'avec raison M. Emmons reconnait s'être réalisée lors du remplissage des filons.

Peut-être alors me dira-t-on, sans tenir compte de cette objection relative au volume, que des eaux soit marines, soit d'infiltration superficielle, ont pu pénétrer (?), grâce aux fractures de l'écorce terrestre, en des cavités souterraines en lesquelles elles ont pu (?), — je mets des points d'interrogation, car je ferai remarquer qu'en cela encore on ne fait intervenir aucune Loi, mais le seul et anti-scientifique hasard — rencontrer toutes conditions suffisantes de chaleur, de pression et de qualité chimique. Mais alors aussi je demanderai quelle a pu être la cause de ces conditions de chaleur, de pression et de qualité chimique, si ce n'est certainement une cause éruptive, et je constaterai qu'en cela, sans même essayer de justifier de cette cause l'explication par celle bien nettement géométrique de la formation parmi l'écorce terrestre de fractures de nature telle qu'elles en aient intéressé l'épaisseur entière de manière à établir une communication éruptive avec les masses centrales du globe, je constaterai qu'en cela on se rapproche déjà fortement de la thèse que je soutiens, non seulement par l'admission de cette intervention éruptive, mais encore par l'abandon implicite, avec celle corrélative de l'indéfinité des périodes géologiques, de cette hypothèse sur laquelle est fondée cette théorie des sources souterraines, de cette hypothèse d'une postériorité indéfinie du remplissage des filons, en égard au moment de la production des deux espèces de fractures de l'écorce terrestre.

En effet, s'il en avait été réellement ainsi des sources par rapport à des cavités souterraines en communication par des fractures suffisamment profondes avec les masses centrales du globe, ne serait-on pas forcé d'admettre, qu'il s'agisse d'eaux marines ou d'eaux d'infiltration, que le remplissage des filons a dû se réaliser en une pleine concomitance avec la formation même des susdites fractures? Sans quoi, pour peu que la formation de ces fractures eût été antérieure au remplissage des filons, est-il logique de penser qu'en ces cavités souterraines supposées, les conditions nécessaires de chaleur et de pression aient pu se maintenir sans déperdition aucune?

Et quand bien même on prétendrait que ces conditions nécessaires de chaleur et de pression aient pu être maintenues dans ces cavités souterraines, grâce à l'état igné primordial du globe, je ferai remarquer que de fait à elles seules les fractures géométriques de l'écorce terrestre sont assez multipliées parmi elle pour que ces mêmes conditions n'aient pu se maintenir, à moins que l'on n'admette avec moi la concomitance de marées intérieures et de marées extérieures.

Sans compter, je le répéterai encore ici, ainsi que je l'ai déjà dit ailleurs, que cette hypothèse de l'état igné primordial du globe, laquelle suppose une identité absolue de nature entre la matière solaire et la matière planétaire à titre de parcelles provenant soi-disant de la rupture d'un anneau solaire primitif, sans compter que cette hypothèse est absolument irrationnelle, et cela sous le très simple point de vue de l'origine du mouvement astronomique, puisque cette identité de nature absolue suppose une identité dynamique de même absolue et qu'en principe le mouvement ne peut résulter que d'une diversité dynamique *active* et *réactive*.

Au surplus enfin, ces cavités souterraines, car j'en reviens toujours finalement à cette objection capitale, ces cavités souterraines de par leur caractère absolument local, qui sont analogues en cela à l'hypothèse toute bénévole de ces plans inclinés de même absolument locaux, par lesquels M. Grand-Eury essaie d'expliquer cet indéniable transport qu'a subi la houille entre sa macération marine et son dépôt définitif, duquel transport, par parenthèse, il sera très facile de déduire l'explication toute mathématique de ces mêmes Faits à la fois géogéniques et astronomiques que je soutiens avoir été la cause de tous ceux que la géologie doit constater; ces cavités souterraines, dis-je, de par ce caractère absolument *local* lui-même, ne peuvent en aucune façon donner raison de l'*universalité* de fait de la formation des filons parmi le globe. Car, quant à en soutenir l'hypothèse par celle d'un vide universel qui se serait produit entre la croûte terrestre et un noyau central :

Outre que cette hypothèse suppose à son tour l'irrationnel état igné primordial du globe;

Outre que l'on ne comprend pas bien comment ce vide universel aurait pu se produire, puisque la contraction superficielle de l'écorce terrestre serait venue s'opposer à sa réalisation;

Outre que par ce vide l'on n'entrevoit l'explication de la formation, tant des fractures que M. Emmons appelle de compression que de celles qu'il appelle de torsion, que d'une façon nullement géométrique, mais bien seulement empirique et de pur hasard, à titre de résultat d'un manque d'homogénéité et de solidité uniforme de l'écorce terrestre, tandis que l'explication pleinement scientifique en ressort tout naturellement de la concomitance de marées intérieures et de marées extérieures;

Outre tout cela, cette hypothèse d'un vide universel ne se trouve-t-elle être en pleine contradiction avec la très simple Loi de la pesanteur?

Que si cependant, malgré tout ces points faibles, continuant à soutenir l'hypothèse du remplissage des filons, grâce à une infiltration superficielle qui se serait prolongée à travers ces périodes qu'admet, sans pouvoir les expliquer, la science géologique actuelle, on en vient à m'opposer, à titre de dernier argument, ce coefficient qu'elles supposent d'un temps indéfini, à un point de vue tout particulier je répondrai qu'il suffit, par exemple, d'examiner un bloc quelconque de galène de scheidage, c'est-à-dire, pris dans un filon minéralisé et non pas dans un minéralisateur où la minéralisation revêt plutôt un caractère d'imprégnation que de concrétion, pour se convaincre que cette concrétion cristalline a dû s'y faire en une incontestable rapidité.

Si en effet cette concrétion s'était réalisée en un espace de temps indéfini, ne devrait-elle forcément comporter au moins quelques traces de certaines alternatives et même se trouver sectionnée par d'autres concrétions de nature étrangère; à moins de supposer eu égard à l'action chimique de laquelle cette concrétion cristalline est résultée, une inadmissible continuité et une identité absolue de même inadmissible, et cela pendant toute l'immense durée que l'on prétend attribuer aux périodes géologiques.

Puis, à un point de vue cette fois général, je ferai remarquer, la réalisation d'une chaleur relativement élevée ayant été reconnue nécessaire pour que soient possibles toutes les réactions chimiques desquelles est résultée la minéralisation des filons, qu'il est impossible que cet argument tiré d'un temps indéfini puisse venir appuyer, en aucune façon, cette hypothèse d'une infiltration simplement superficielle, puisque, de toute évidence et en quelque délai de temps qu'elle se soit produite, cette infiltration a dû incessamment recevoir de la chaleur en question, soit par vaporisation, soit par simple échauffement, une direction ascensionnelle absolument opposée à celle qu'elle eût dû prendre pour aller réaliser à de grandes profondeurs la minéralisation des filons. — Et d'ailleurs j'ajouterai que pour la même raison cette même hypothèse d'une infiltration simplement superficielle se trouve en pleine contradiction avec la production de ce métamorphisme actuellement avoué des strates les plus profonds de l'écorce terrestre, de ceux qui sont particulièrement filoniens, avec la production de ce puissant calorique qu'ils ont subi et duquel ce métamorphisme est résulté, en un mot, avec ce résultat considérable d'échauffement des énormes mouvements géogéniques qui leur ont été imprimés et qui s'y est nécessairement manifesté de par le principe même d'équivalence qui régit la transformation en chaleur de tout effort dynamique.

Enfin pour compléter ici les objections que l'on peut faire, par des contradictions notoires, tant eu égard aux faits observables eux-mêmes qu'eu égard à leur explication réellement scientifique, à cette théorie en question des sources souterraines telle encore une fois qu'on la comprend aujourd'hui, je déclarerai qu'à mon avis il n'existe en fait aucune analogie entre la formation des sources actuelles résultant d'une simple infiltration superficielle, qui circulent à travers les couches sédimentaires et qui, par parenthèse, s'accumulent le long des strates de celles de ces couches qui sont de nature argileuse sans nullement les traverser, et la formation des sources nettement thermales de même actuelles.

Si ces dernières, en effet, n'étaient autre chose que le résultat d'une infiltration des eaux de surface, comment expliquer que sur une même fracture, alimentant déjà nombre de sources, on puisse en ouvrir nombre d'autres encore, et cela même à quelques mètres de distance sans que le débit des premières s'abaisse en quoi que ce soit? Comment expliquer, par la simple infiltration, que de deux sources, voisines l'une de l'autre de quelques mètres seulement, l'une soit sulfureuse et l'autre ne le soit pas; ce qui s'explique tout naturellement par le croisement d'une autre fracture, si l'on admet au contraire pour ces sources une véritable origine géogénique, et ce qui d'ailleurs se constate. Comment expliquer enfin qu'en ces sources thermales, en celles qui se trouvent sur le versant de reliefs éruptifs en lesquels les neiges ne sont jamais perpétuelles, dans le Cantal par exemple, on n'observe aucun étiage, ce qui certes devrait avoir lieu si réellement elles provenaient d'une infiltration superficielle?

Aussi, en face de pareilles difficultés d'explication ration nelle de la production des sources thermales à titre de conséquence d'une infiltration superficielle, alors que cette explication est des plus simples et des plus logiques pourvu qu'on leur admette une origine entièrement géogénique; aussi, dis-je, une pleine conviction en moi s'est-elle faite que ces sources thermales ne sont autre chose qu'un reliquat infinitésimal actuel de ces phénomènes de minéralisation, désormais épuisés sous le point de vue métallifère, qui sont résultés tant de ces marées intérieures que de ces marées extérieures qui se sont produites en une pleine concomitance, lors des véritables moments géologiques, lors de ces moments dont je prétends qu'il est possible de rendre un compte exact par le calcul même.

Celles de ces marées, en effet, qui étaient intérieures n'ont-elles dû avoir pour résultat immédiat de produire parmi les masses centrales du globe une sublimation des matières minérales par un calorique exactement proportionnel aux efforts dynamiques qui se sont trouvés imposés à ces mêmes masses intérieures, en même temps que ces mêmes matières minérales, s'étant mises en dissolution parmi les puissantes marées extérieures, y ont introduit toutes conditions chimiques voulues pour toutes réactions en vue de la minéralisation des filons, en même temps que par leur hauteur exceptionnelle les marées extérieures comportaient toutes conditions de pression voulues pour la réalisation de ces réactions, en même temps que par leur universalité même elles permettaient toute répartition de ces matières minérales suivant toutes relations électriques possibles par rapport aux électrodes terrestres.

Et alors aussi ces mêmes matières minérales n'ont-elles dû se classer parmi les filons d'après leur altitude relative, suivant la Loi même de densité, de telle façon que dans les altitudes les plus élevées la minéralisation s'est trouvée et se trouve encore à l'heure actuelle correspondre tout simplement à celle même des sources thermales ?

Le fait est qu'en Ardèche, par exemple, les sources thermales, particulièrement groupées qu'elles sont au-dessus du Tanargue et non loin des reliefs éruptifs de la contrée, c'est-à-dire en une région parmi laquelle, par suite d'un contact presque immédiat avec ces reliefs éruptifs, les fractures accidentelles n'ont pas eu un espace suffisant pour se développer en les strates terrestres, ainsi qu'il en a été de cette montagne du Tanargue et de toutes celles au-dessous qui lui sont parallèles, ces sources thermales s'y trouvent très précisément alignées suivant deux systèmes de fractures dont les directions coïncident exactement avec celles des deux systèmes de *filons minéralisateurs* que l'on peut observer au-dessous de cette montagne du Tanargue vers le Sud jusque vers les monts de Lozère; tandis que l'on peut constater que les affleurements des *filons minéralisés*, tous parallèles en cette région à l'alignement même du Tanargue vont s'appauvrissant au point de vue minéral et deviennent purement quartzeux au fur et à mesure qu'on les rencontre à une altitude plus élevée, bien que ces mêmes filons, lorsqu'on les attaque en un aval-pendage suffisant, renferment en réalité une richesse minérale souvent des plus importantes. Et cet appauvrissement minéral graduel des affleurements des *filons minéralisés*, au fur et à mesure qu'ils sont placés à une altitude plus élevée, cet appauvrissement est si bien constant qu'on peut l'observer aussi sur un autre versant des reliefs éruptifs du Plateau central de la France, vers Annonay par exemple; tandis que ces mêmes *filons minéralisés*, dont les affleurements sont pauvres en altitude, donnent preuve d'une forte richesse minérale, lorsqu'on les attaque par les petites vallées des affluents du Rhône.

Ce qui prouve bien qu'en cette contrée du Plateau central — et pourquoi n'en serait-il pas de même partout ailleurs — tout s'est exactement passé suivant la Loi de densité, quant à la minéralisation des filons, et s'y passe encore très exactement, quant au reliquat infinitésimal le moins dense de cette minéralisation, eu égard aux sources thermales actuelles.

Et maintenant pour terminer, il me semble que de l'exposé de tant d'arguments contradictoires eu égard aux *idées* géologiques actuelles, il m'est permis de conclure que la vraie géologie, celle que je ne laisse entrevoir ici que par des preuves présomptives et qui d'ailleurs, je le déclare, n'est pas mon œuvre propre, mais dont je me réserve de donner bientôt la preuve scientifique définitive, que cette géologie définitive, fondée qu'elle sera sur ces Faits à la fois géogéniques et astronomiques dont je n'ai fait qu'indiquer ici les effets, se trouvera *entièrement submissible au calcul* et permettra de donner une explication rationnelle de tous faits géogéniques, comme de tous faits géologiques par le calcul des résultats de ces mêmes faits : l'un, je le répète, qui premièrement a imprimé à l'écorce terrestre des ondulations géométriquement déterminées en forme de sortes de paraboloïdes de raccordement et ainsi a été la cause première des *fractures géométriques*, ou si l'on veut de *torsion* qui ont intéresssé cette écorce terrestre *en toute son épaisseur*; tandis que l'autre, celui duquel sont résultées les marées intérieures des masses centrales du globe, a été la cause première ultérieure des *fractures accidentelles*, ou si l'on veut de *compression* parmi l'écorce terrestre, et lequel, par des modifications locales de ses formes purement géométriques primitives, par des modifications qui se sont effectuées en une relation géométrique essentiellement locale eu égard aux primordiales fractures géométriques, lesquelles modifications, peut-on dire, n'ont été que *différentiellement* altérées du fait de l'inclinaison de l'axe terrestre survenu entre l'un et l'autre de ces faits susdits, lequel, dis-je, y a déterminé la variété actuelle de tous ses reliefs.

En même temps que de puissantes marées liquides extérieures résultant à la fois du premier et du second des susdits Faits à la fois géogéniques et astronomiques, du premier quant à leur puissance, du second quant à leur propulsion, et s'effectuant en un mouvement concomitant de celui des marées intérieures, en même temps que ces fortes marées liquides produisaient ces énormes érosions desquelles à chaque évolution, sans dire que la durée en a été identique à celle des marées extérieures actuelles, sont résultés les divers dépôts sédimentaires dont l'importance s'est trouvée subir une diminution exactement graduelle à celle même que subissaient les marées en question jusqu'à ce qu'elles soient parvenues à leur état actuel;

En même temps qu'en une complète concomitance : d'une part, par suite de l'énorme calorique qui est résulté parmi elles des considérables efforts dynamiques causés par ces mêmes marées intérieures, s'est faite l'*émanation* de toutes substances minérales quelconques contenues dans les masses centrales du globe; d'autre part, en une complète universalité et en toutes conditions suffisantes à la fois chimiques, dynamiques et électriques, s'est faite la *diffusion* de cette même émanation à travers toutes les fractures primordiales de nature géométrique, à titre de canaux universels infinitésimaux, lesquelles ayant nécessairement intéressé l'écorce terrestre en toute son épaisseur, se trouvaient ainsi en communication directe avec les masses centrales du globe, et par là ont rendue possible tant la dissolution de toutes substances minérales quelconques parmi les masses liquides des puissantes marées extérieures que leur précipitation comme en des alambics en celles des fractures de nature accidentelle à leur croisement même avec les fractures géométriques, et cela suivant les directions que leur imposaient les courants électriques du globe, si bien que par là s'est faite cette minéralisation en colonnes massives qui est la caractéristique notoire des filons minéralisés par opposition à la minéralisation continue, mais toujours fort peu épaisse et de nature moléculaire imprégnée, des filons minéralisateurs contenus dans les fractures géométriques ;

C'est ainsi donc que la géologie, devenue une science véritable, justifiée qu'elle sera par le calcul même, tant de ces faits à la fois géogéniques et astronomiques que de leurs résultats, donnera pleine satisfaction par l'explication complètement rationnelle qui en résultera, à ceux des géologues qui, comme M. Emmons, reconnaissent déjà le fait indéniable de l'existence parmi l'écorce terrestre de deux sortes de fractures très nettement distinctes.

C'est ainsi qu'elle prouvera aux adeptes de la théorie de la minéralisation des filons par sources souterraines, comme aux adeptes de la théorie de cette même minéralisation par éruption directe, que ni l'une ni l'autre de ces théories n'est réellement vraie, si on la pose comme exclusive. Et bien que ces théories comportent chacune une certaine vérité relative, encore prouvera-t-elle que c'est seulement à condition de reconnaître que les effets respectifs sur lesquels elles se basent, n'ont pu se produire autrement parmi le globe qu'en cette *simultanéité universelle* par laquelle seule peut s'expliquer la réalisation de cette constante direction qu'affectent certains métaux en des filons; par laquelle seule a pu se réaliser en la minéralisation des filons l'intervention de cette dialyse méthodique qu'ont imposée les courants électriques du globe terrestre et à laquelle sont venues s'associer toutes les conditions nécessaires de chaleur de pression et de qualité chimique; par laquelle seule, en un mot, pour terminer par une expression de synthèse philosophique, se justifie, cet *accord porismatique essentiellement fondamental* qui nécessairement réside entre tous faits de toute Loi de nature, cet *accord porismatique essentiellement fondamental* qu'impose en tous faits cette universelle Loi algorithmique transcendante qui régit la génération de toutes quantités, et que Wronski, je le répéterai encore pour rendre ici un nouvel hommage à ce génie exceptionnel dont je m'honore d'avoir su accepter les idées philosophiques malgré l'inimitié que se sont permis de lui faire Laplace et Arago, que Wronski, dis je, a didactiquement établie et développée.

Post-Scriptum. — Comme le mémoire ci-dessus a été rédigé il y a quelque temps et que depuis j'ai pu vérifier, en diverses explorations, l'exactitude d'un fait géogénique que déjà j'avais constaté dans le Plateau central, — d'un *fait géogénique général* dont la preuve résultera de celle même des faits géogéniques et astronomiques que je viens de faire entrevoir par la seule logique de leurs résultats, — d'un fait géogénique duquel par là même l'*universalité*, parmi toute la surface du globe, sera nettement fixée, — je tiens à l'ajouter ici et le voici :

Lorsqu'on étudie les systèmes filoniens du Plateau central de la France, on se rend compte que tout filon cesse d'exister au-dessus des terrains géologiques que d'habitude on appelle *terrains de transition* ; — qu'au dessus de ces terrains il n'existe plus de minéralisation que sous forme d'une émanation intersédimentaire. — Et ainsi doit-on reconnaître que la formation des fractures filoniennes, aussi bien géométriques qu'accidentelles, a été antérieure à celles des terrains dits à proprement parler sédimentaires. En constatant d'ailleurs que dans ces derniers terrains il n'existe plus qu'une indécision de richesse minérale, tandis que dans les filons elle est déterminable de par les croisements mêmes des deux systèmes distincts de fractures, — indécision de richesse minérale qu'a déjà affirmée depuis longtemps un certain auteur qui a exposé déjà 1800 ans avant J.-C. cette méthode scientifique précise qui seule permet d'étudier les systèmes de filons, et qui a soin d'ajouter qu'en égard à une minéralisation résultant d'une émanation intersédimentaire, il est impossible de fixer un *état de bilan*, ainsi qu'il le dit très positivement.

Ce même fait se prouve en outre par l'observation de cette caractéristique indécision minérale spéciale aux gisements de la Grèce, laquelle de fait repose à fleur de mer sur le Trias. — Et ce même fait se prouve aussi par les émanations minérales intersédimentaires que l'on observe dans la Russie du Sud, tant dans le Trias vers Bachmouth, que dans le terrain houiller du Donetz vers Rovenki et vers Taganrog, ainsi que par celles des gisements de manganèse du Caucase et d'Asie mineure.

Aussi ne serais-je pas étonné que ce même fait soit la caractéristique minérale de l'Algérie, où probablement je vais bientôt pouvoir aller l'étudier.

PLATEAU CENTRAL DE LA FRANCE

PL. 10.

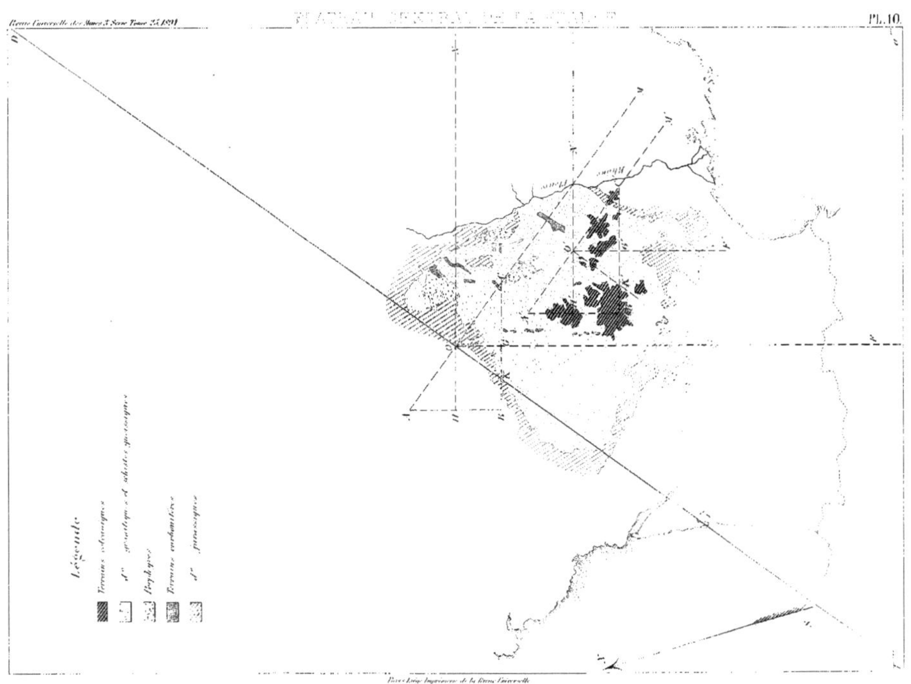

38e ANNÉE

REVUE UNIVERSELLE DES MINES

(SOCIÉTÉ ANONYME).

L'abonnement à la REVUE UNIVERSELLE DES MINES, ETC., *comprend douze numéros annuellement paraissant tous les mois et formant chaque année quatre tomes in-8° de 300 à 350 pages chacun accompagnés de 50 à 60 planches gravées.*

Prix de l'abonnement annuel : Paris et Liége, 35 fr.
Départements et Belgique (provinces) franco, 38 fr.
Union postale franco, 40 fr. — Un n° séparé, 4 fr.

Collection complète 1re série (1857 à 1876 inclus), 500 fr.
" " 2e série (1877 à 1887 inclus), 385 fr.

La **REVUE** insère des **annonces exclusivement industrielles**, c'est-à-dire se rattachant directement aux **mines**, à la **métallurgie**, à **l'industrie des chemins de fer**, ainsi qu'**aux sciences appliquées**.

S'adresser à la direction à Paris ou à Liége pour en connaître le prix et les conditions.

ON S'ABONNE

A Paris, 9, rue des Saints-Pères; à Liége, 40, rue Beckman
et chez les principaux libraires de l'étranger.

www.ingramcontent.com/pod-product-compliance
Lightning Source LLC
LaVergne TN
LVHW050452160826
845677LV00003B/741